NOUVEAU PROCÉDÉ

DE CULTURE

DES

POMMES DE TERRE

OU

MOYENS DE FAIRE PRODUIRE

Une plus abondante Récolte dans toutes les sortes de Terrains,

PAR

SAVOUREUX,

HORTICULTEUR.

L'Agriculture est la mère nourricière des Nations.

Prix : 1 fr.

A ROUEN, chez l'Auteur, rue Grammont, 34;

A PARIS et A ROUEN, chez les Libraires et les principaux Grainiers.

1847.

NOUVEAU PROCÉDÉ

DE CULTURE

DES

POMMES DE TERRE.

ROUEN. Imp. et Lithog. de F. et A. LECOINTE, rue Cauchoise, 6.

NOUVEAU PROCÉDÉ
DE CULTURE
DES
POMMES DE TERRE
OU
MOYENS DE FAIRE PRODUIRE
Une plus abondante Récolte dans toutes les sortes de Terrains,

PAR

SAVOUREUX,

HORTICULTEUR.

L'Agriculture est la mère nourricière
des Nations.

Prix : 1 fr.

A ROUEN, chez l'Auteur, rue Grammont, 32;
A PARIS et A ROUEN, chez les Libraires et les principaux Grainiers.

1847.

AVANT-PROPOS.

Le but de la science agricole et son utilité résident dans la judicieuse observation des faits et dans l'application constante de ces mêmes faits pour les besoins de tous.

Il est des époques de crise, des circonstances malheureuses qui obligent les hommes à s'aider mutuellement pour faire face aux besoins nécessaires de la vie; nous sommes à une de ces époques, et l'effet actuel de la cherté des subsistances motivera suffisamment, je crois, la publication que je fais d'un procédé de culture que mes expériences ont confirmé.

Parmi les plantes alimentaires que l'humanité considère comme le résultat d'une prévoyance providentielle, la Pomme de Terre tient un des premiers rangs. Les craintes alarmantes que l'on a eues, sur la maladie dont cette plante est attaquée depuis deux années; maladie qui a mis en alerte, savans et cultivateurs, les fausses alarmes que l'on a répandües en faisant prévoir sa disparition des cultures, et qui avaient semé l'effroi dans les classes ouvrières pour lesquelles elle était la principale ressource, n'ont pas toujours été dictées par la vérité et mûries par la prudence. Il est donc utile, louable même, d'indiquer les moyens de cultiver avantageusement cette plante, et d'atténuer, par cela même, les effets inquiétans d'une panique outrée, en démontrant aux cultivateurs et aux classes nécessiteuses l'intérêt et l'assurance d'une production abondante.

En conséquence de ces raisons, je me suis décidé à publier (d'après l'invitation qui m'a été faite par les personnes à qui j'avais fait part de mes expériences), les améliorations que je crois nécessaire d'introduire dans la culture des Pommes de Terre; j'ai négligé de consigner dans cette brochure les renseignemens secondaires, sachant que tout le monde est à même de les trouver dans les ouvrages spéciaux d'agriculture et d'horticulture :

1° La liste des variétés de Pommes de Terre les plus productives et de meilleure qualité;

2° Les terrains dans lesquels ces variétés produisent une plus abondante récolte.

De l'étude de ces deux choses, il n'est pas encore résulté des solutions concluantes, chacun approprie à son terrain la variété qu'il préconise.

On doit s'attacher plus spécialement, dans les années de disette, à la quantité qu'à la qualité des produits; néanmoins, l'un n'exclut pas l'autre, en tant qu'il est possible de le faire.

C'est surtout dans ce but précité, de faire produire abondamment, que je me suis décidé à soumettre le résultat de mes essais. Le seul désir que j'ambitionne en les publiant, c'est de voir apprécier et appliquer les moyens que j'indique : puissent-t-ils dans toutes les mains avoir d'heureuses solutions!

Outre les avantages d'une récolte abondante, il existe encore un mobile qui doit mériter d'être considéré; après avoir bien pesé mes observations sur l'ancien procédé de culture, et reconnu l'évidence de celui que j'indique, on verra que, pour la classe des travailleurs, ce dernier devient une utilité, puisqu'il oblige à occuper un grand nombre de bras, rendus inactifs dans l'application de la culture actuelle.

Je me fais un devoir ici de signaler la louable décision de la Société d'Horticulture de Rouen qui, dans sa séance du 15 avril dernier, a annoncé qu'il serait accordé des récompenses aux meilleures productions de Pommes de Terre.

Stimuler le cultivateur à produire et le récompenser de ses efforts, sont choses dignes de l'estime générale et d'une haute considération.

Si le style fait défaut dans cette brochure, on pardonnera cette omission à un praticien plus habitué à se servir de la bêche rustique, que de l'élégance du langage. (1)

---

(1) Je dois ici remercier M. Blériot fils aîné, de la bienveillante coopération qu'il m'a accordée, en traitant plus particulièrement la partie historique.

NOUVEAU PROCÉDÉ

DE CULTURE

DES

POMMES DE TERRE.

CHAPITRE PREMIER.

DE LA POMME DE TERRE.

Son importation, son histoire et les ressources qu'elle procure à l'humanité.

Il nous a semblé utile, en même temps qu'agréable, de faire connaître aux cultivateurs ainsi qu'aux hommes du monde, les diverses phases qu'a parcourue la *Solanée* qui nous occupe.

La Pomme de Terre, *Solanum tuberosum* (L.), de la sombre famille des Solanées, de Jussieu, est originaire des contrées intertropicales du continent américain : sa végétation est spontanée dans cette partie de l'univers, depuis la Caroline jusqu'aux environs de Valparaiso et dans le Chili, où elle est généralement connue sous le nom de *Papas.*

On la trouve abondamment sur les Andes, à plus de trois mille mètres au-dessus du niveau de la mer.

Elle a été apportée du Pérou dans la province de Betanzos, en Gallicie (péninsule espagnole), en l'an 1530, où elle est tellement répandue qu'elle peuple les champs et les vignes de ce pays. On la connaît sous le nom de *Castana marina,* Châtaigne des bords de la mer. Les tubercules qu'elle produit dans cette contrée, sont très petits : les uns sont douceâtres, les autres amers ; tantôt ronds ou longs et blancs, tantôt longs et rouges. Ces tubercules poussent lentement ; l'œil est très apparent dans les longs, rayé dans les ronds. Après quelques années de culture, cette espèce n'a plus de différence avec celle que nous cultivons en Europe, que dans le volume qui est plus fort dans les nôtres.

On a cultivé cette précieuse plante dans les jardins d'Italie, de l'Allemagne et des Pays-Bas, jusqu'à la fin du 16e siècle : ce fut en 1585 seulement que Walter Raleigh l'importa d'Amérique en Angleterre, sous le règne d'Elisabeth ; elle fut successivement cultivée en Irlande et dans toute l'Angleterre. En 1588, l'Ecluse d'Arras, botaniste distingué, appela sur cette plante l'attention des botanistes et des cultivateurs, en publiant une description exacte et détaillée de ce végétal, prévoyant qu'il pourrait être d'une grande ressource à l'humanité. Quelques années après, elle fut admise dans les cultures de la Suisse, de la Souabe, dans les environs de Lyon et dans les Vosges ; cette introduction, dans ces derniers endroits, est due à Gaspard Bauhin ; mais, malgré le zèle de certains hommes, précurseurs d'une bonne œuvre, sa culture fit peu de prosélytes, des préjugés stupides en arrêtèrent la propagation ; on lui attribuait des propriétés vénéneuses, maladives et même pestilentielles.

Pendant plus d'un siècle, elle fut dédaignée ; on la repoussait par tous les moyens possibles ; rien de ce qui pouvait la montrer comme une malheureuse introduction, n'a été négligé ; néanmoins, on vit une classe d'hommes, propriétaires ruraux, dont le simple bon sens faisait tout le génie, se révolter contre les opinions émises, et tenter des essais de culture en grand : ceci arrivait dans les premières années du 18e siècle ; c'étaient les savans (sauf quelques exceptions), les gentilshommes, la bourgeoisie, la cour même, qui montrèrent à cette époque, pour cette précieuse plante, le dédain le plus grand ; cependant, grace à la persistance de ces quelques cultivateurs, en 1760, on en voyait apparaître sur certaines tables où elle se trouvait confondue avec la Patate ou Batate des Antilles, *Convolvulus Batatas*

(L) et le Topinambour du Brésil; elle était connue aussi sous le nom de *truffe*, lequel nom était donné aussi à la châtaigne d'eau. Lamare appelait cette dernière, *truffe* ou *truffle d'eau*. Dès cette époque, la Pomme de Terre se répandait dans les jardins potagers, et sa culture y était déjà bien indiquée (1); elle commençait alors à faire partie de la nourriture du peuple (2). On ne lui connaissait

(1) Ecole du Jardin potager; Paris, 1749, page 383, tom. 2e. L'auteur, après avoir indiqué la préparation du sol et la plantation par morceaux de tubercules, munis d'un œil, dit : « On peut égalcment semer les petites truffes tout entières de la grosseur d'une noisette, qu'on met à part tous les ans quand on les arrache; on les espace à un pied ou 15 pouces, les unes des autres; quand elles sont levées à une certaine hauteur, on les butte, il ne faut pas d'autres soins. » Depuis cette époque, sa culture a-t-elle beaucoup changé?

(2) Même édition, page 581, tom. 2, après la description de l'emploi culinaire des tubercules, on lit : « J'avouerai, cependant, que c'est un manger fade, insipide et fort à charge à l'estomac, mais il a un certain goût qui plaît à ses amateurs. Que peut-on objecter contre? Et quand on est élevé à une chose, combien ne perd-elle pas de ses défauts? Un fait certain, c'est que ce fruit nourrit, et que par la force de l'habitude, il n'incommode point ceux qui y sont accoutumés de jeunesse; d'ailleurs, il est d'un grand rapport et d'une grande économie pour les gens du bas étage, ces avantages peuvent bien balancer ses défauts : il n'est pas inconnu

pas de propriétés médicinales, mais on avait imaginé, faute de mieux, d'en faire de la poudre à poudrer qui pouvait suppléer, dans les temps de cherté des grains, à la poudre ordinaire. Elle eut d'abord quelques succès. Un Ministre encouragea l'entreprise, mais bientôt on abandonna la poudre, parce qu'on la trouvait trop pesante, il n'en fut plus question.

Aujourd'hui, goûtée de toutes les classes, nécessaire aux besoins matériels de l'existence de nombreuses populations, elle se rencontre sur la table des rois et dans la cabane du pâtre ; elle pourrait servir de symbole à l'égalité des rangs : si la nécessité la fait admettre chez les malheureux, l'art culinaire en fait le délice des riches ; sa récolte est une question de vie ou de mort pour différens peuples de l'Europe. Les Irlandais, mourant de faim, n'en sont-ils pas un exemple effrayant ?

Qui aurait osé, il y a à peine un siècle, prévoir, pour cet humble végétal, un pareil succès ?

Rejetée par les premières classes de la société du 18e siècle, comme renfermant dans son sein un poison dangereux ; mangée avec crainte d'abord par ceux pour qui elle devait bientôt de-

---

à Paris, mais il est vrai qu'il est abandoné au *petit peuple*, et que les *gens d'un certain ordre* mettent au-dessous d'eux de le voir paraître sur leur table. »

venir une si grande ressource ; il fallut toute la persévérance d'un philanthrope, aussi dévoué que savant, pour la faire reconnaître comme un bienfait providentiel envoyé à une nation qui, près d'un moment de crise, allait trouver dans ses abondans et nutritifs tubercules les seules ressources pour échapper aux horreurs de la disette.

En 1783, sa culture fut plus répandue dans le nord et l'est de la France, et sur les bords du Rhin. Parmentier se met à la tête de ce mouvement qu'il sollicitait depuis 1770.

Né en 1739, dans la petite ville de Montdidier, il appartenait à une humble mais honorable famille de la bourgeoisie.

Son père, militaire capable, n'occupait dans l'armée qu'un grade subalterne, son mérite n'ayant pu faire oublier sa roture. Dès ses premières années, notre jeune Parmentier étant envahi du désir de connaître, de s'instruire, un vénérable ecclésiastique remarqua ses dispositions studieuses, qui devaient bientôt, sous son habile directeur, produire de si heureux résultats.

L'exiguité de la fortune de ses parens l'obligea bientôt à quitter ses études pour entrer chez un pharmacien, où il gagnait à peine sa nourriture. Il fut obligé d'aller chercher à Paris une existence moins précaire et des connaissances plus complètes. Il dut à l'amitié de Bayen, qui le recommanda à M. Chamousset, intendant-général des hôpitaux, l'emploi de pharmacien en second dans les hôpitaux du Hanovre.

Parmentier n'aimait pas la guerre, aussi aspirait-il à rentrer dans son pays. Il revint à Paris en 1764, et s'occupa, à l'aide de l'activité de son intelligence, à perfectionner ses études ; il se plaça chez M. Lorron, pharmacien, en qualité d'élève : son mérite lui fit obtenir, en 1772, le brevet de pharmacien en chef des Invalides ; il fut obligé, à la suite de mille contrariétés, d'abandonner ce poste ; néanmoins, un traitement de 1,200 liv. et un logement à l'hôtel, lui furent conservés.

Il parcourut plusieurs de nos provinces, y reconnut la mauvaise qualité du pain et entreprit d'y remédier par des conseils remplis de raison et de science ; Turgot, alors ministre, encouragea son zèle et fit frapper une médaille d'or en mémoire de sa mission philanthropique.

Les prévisions d'une famine prochaine stimulèrent de nouveau son dévouement. La culture de la Pomme de Terre était à cette époque l'objet de nombreuses réfutations ; Parmentier entreprit de la réhabiliter ; on se moqua de ses idées, on méprisa ses efforts ; mais, fort de sa conviction, il laissa passer la raillerie et n'en continua pas moins avec persévérance ses essais (1), pénétré de

(1) En 1789, il écrivait dans son traité sur la culture des Pommes de Terre : « Qu'importe que la cui-

son but, il ne dédaigna pas de réitérer ses instances près des personnes influentes, et obtint du gouvernement d'alors cinquante-quatre arpens de la plaine des Sablons, terrain jusqu'alors inculte ; il le fit labourer et l'ensemença de Pommes de Terre ; le fit enclore de palissades et obtint d'y faire placer, pendant le jour, des sentinelles qui empêchaient d'approcher de cette culture. La nuit, ce terrain était libre et nullement surveillé ; par une singulière contradiction de l'esprit humain, ceux qui dédaignaient cette plante, vinrent la voir végéter et en soustraire ; bientôt on vint dire à Parmentier que la nuit on volait les tubercules de son champ. Il fut rempli de joie, au reçu de cette nouvelle, car il avait compté sur ce résultat ; s'enhardissant de plus en plus, il cueillit, à l'époque de la floraison, un bouquet de fleurs de Pommes de Terre qu'il présenta à Louis XVI dans une séance solennelle : ce monarque, prévoyant sans

---

sine, cet art que l'attrait de la bonne chère et le luxe des repas ont rendu si important, trouve dans la délicatesse de ce nouveau genre d'aliment de quoi satisfaire la sensualité des riches? Ce n'est pas pour eux que j'écris; mon intention n'a jamais été de les aider à étaler sur leurs tables l'abondance des mets, mais bien d'offrir une ressource assurée aux classes indigentes. La nourriture principale du peuple fait perpétuellement l'objet de mes sollicitudes ; mon vœu, c'est d'en améliorer la qualité et d'en diminuer le prix. »

doute l'avenir de cette plante utile, prit le bouquet, en décora sa boutonnière, et, se tournant vers les gentilshommes qui l'entouraient, il prononça ces paroles : « *Messieurs, la science est une noblesse devant laquelle les rois de France se sont toujours inclinés.* » Et l'on vit, par un revirement honorable pour l'humanité, les courtisans tenir à honneur de porter à leur boutonnière des fleurs de l'humble plante : le succès de la Pomme de Terre étant alors assuré, Parmentier reçut de nombreuses félicitations. François de Neufchâteau proposa de donner au nouveau légume le nom de *Parmentière;* mais à cette époque, les événemens se succédaient avec une telle rapidité, que l'humble et philanthrope savant se trouva oublié, il ne continua pas moins de rendre d'utiles secours à son pays.

Il vécut entouré des soins d'une sœur qu'il chérissait et qui mourut quelque temps avant lui. Dut-il à cette perte ou à une affection de poitrine dont il était atteint, la morosité philosophique de ses dernières années? Ses amis ont toujours pensé que l'âge et le chagrin s'unirent pour paralyser cette intelligence si belle et cette santé si florissante. Il mourut peu de temps après sa sœur, le 17 décembre 1813, et fut enterré au Père-Lachaise. Deux savans l'assistaient à ses derniers momens, Sylvestre de Sacy et Cadet de Gassicourt ; ils recueillirent religieusement ses dernières paroles. « Je voudrais, disait-il, faire l'office de la

« pierre à aiguiser, qui ne coupe pas, mais qui « dispose l'acier à couper. » Puis, un nuage de tristesse passa sur son front mourant, et il murmura d'une voix presque éteinte : « Remerciez « Dieu qui dérobe ma vieillesse à de nouvelles « angoisses ; la France touche peut-être à son « agonie, mais du moins je ne la verrai pas mourir. » Oublié long-temps par ceux à qui il a consacré sa vie, ses compatriotes se sont souvenus enfin de son utile existence, et ont érigé à sa mémoire une statue qui décore aujourd'hui une des places de son pays natal.

A diverses époques, les Pommes de Terre ont sauvé notre pays des horreurs de la disette. De nos jours, c'est un aliment indispensable, sain et nutritif. En 1815, on comptait, en France, trois cent quarante-neuf mille neuf cent quatre hectares de terrains occupés par les Pommes de Terre. En 1835, neuf cent quatre-vingt-deux mille huit cent onze hectares.

Parmi les plantes alimentaires elle est celle qui produit, dans un moindre espace de terrain, plus de matière nutritive. Un hectare planté de Pommes de Terre nourrit deux fois plus d'hommes que dix hectares semés en blé.

Les produits que l'on tire de cette plante sont en grand nombre : en mettant de côté tous les essais que l'on tente de nos jours, toutes les parties de la plante sont utiles : les fanes fournissent de la potasse, ou sont données en nourriture aux bestiaux. Des tubercules, on extrait de la fécule très-nourrissante ; on en fait un pain léger et très agréable ; des tubercules gelés on obtient de l'empois, de la colle à cartonner ; les tiges fournissent du papier et d'excellens engrais. Les nombreux produits qu'on retire de cette plante, et surtout l'utilité immense de ses tubercules pour les besoins de la vie, en font, je le répète, une des plantes alimentaires que l'humanité doit considérer comme le résultat d'une prévoyance divine.

CHAPITRE II.

OBSERVATIONS

Sur la culture habituelle des Pommes de Terre.

La partie la plus vicieuse du mode usité jusqu'à présent dans la culture des Pommes de terre, est dans le rechaussage qui se fait à la charrue dans les grandes cultures et toujours assez profondément, afin de fournir de la terre en quantité suffisante pour l'amonceler au collet des tiges ; ce mode de rechaussage, en bonne physiologie, ne peut se faire qu'en détruisant les nombreuses spongioles ou suçoirs placés à l'extrémité des radicules, organes importans et nécessaires aux plantes, puisque c'est par leur pouvoir absorbant que les sucs nutritifs, en circulant, alimentent le végétal dans toutes ses parties; les détruire, c'est rompre une cause vitale; les multiplier, c'est produire une nouvelle vie, un surcroît de végétation, et particulièrement dans la plante qui nous occupe, c'est augmenter le produit.

Les chevaux que l'on emploie pour faire le travail du rechaussage à la charrue, ne peuvent le faire sans endommager les tiges, à moins de distancer les lignes de quatre-vingts centimètres, ainsi que le dit Mathieu de Dombasle; mais ce conseil devra être peu suivi, puisqu'il n'y a pas d'avantage à le pratiquer.

Certains agronomes ont remarqué, sans pouvoir en définir la cause, que le rechaussage à la charrue était préjudiciable; ils ont conseillé de biner à la houe à cheval, prétendant que les cultures qui avaient été binées seulement étaient tout autant et même plus productives que celles qui avaient été buttées (1). Je serais de leur avis s'il n'existait pas de moyens intermédiaires; mais

---

(1) Mathieu de Dombasle dit : « qu'il a reconnu constamment que le buttage diminuait le produit en tubercules. » A Roville, la différence des produits a été de plus d'un quart en faveur des parties binées à la houe à cheval; néanmoins il recommande le buttage comme avantageux pour la destruction complète du chiendent.

celui que j'indique mérite, il me semble, d'être examiné.

Que peut-on espérer du mode de buttage employé jusqu'à ce jour, qui ne sert que pour abriter les tubercules contre les rayons solaires? Les nombreuses radicules qui se développent au collet des plantes avortent et restent stagnantes dans la motte grillée par le soleil, et qui, dans un état sec, ne peuvent profiter des eaux qui leur proviennent, soit des pluies, soit des arrosemens: la terre superficielle et fertilisée, qui est plus essentielle au développement des racines, étant enlevée, où peut-on espérer qu'elles prendront un surcroît de nourriture? Est-ce dans un sol épuisé par les premières racines émises par les tubercules plantés? Non, ce n'est point en la privant de nourriture, je le répète, que l'on doit espérer d'heureux résultats, mais bien en leur en procurant une nouvelle, que ces plantes produiront plus abondamment.

Donc, pour résumer l'examen du mode vicieux employé jusqu'à présent presque généralement dans la culture des Pommes de Terre, on doit conclure : 1° que le produit doit être moindre dans les cultures buttées à la charrue, puisqu'il y a détérioration d'organes indispensables à la vie du végétal, et par conséquent diminution de production ; 2° que la production doit être plus abondante dans les planches où il y aura surabondance de végétation, par le développement d'organes vitaux ; enfin, que les moyens de culture qui procureraient ce dernier résultat devraient être préconisés, autant dans l'intérêt des cultivateurs que dans celui des populations.

CHAPITRE III.

NOUVEAU PROCÉDÉ DE CULTURE.

Afin d'être clair et positif dans l'exposition du nouveau procédé de culture que je conseille, et par la nécessité de certaines modifications, je le diviserai en deux parties : dans la première, je décrirai son opération dans les jardins potagers ou petites cultures ; et dans la seconde, son application dans les champs ou grandes cultures.

PREMIÈRE PARTIE.

Culture dans les Jardins potagers.

PETITE CULTURE.

La plantation, jusqu'à présent, a toujours été faite dans les jardins, en carrés et par rangées écartées de quarante à cinquante centimètres, plus ou moins, selon les variétés.

Dans les jardins potagers, ainsi que dans les champs, quand les tiges de Pommes de Terre ont acquis, hors du sol, de vingt à vingt-cinq centimètres d'élévation, on les butte en amoncelant de la terre autour du pied : ce travail est fait dans les premiers à la bêche ou à la houe ; dans les seconds à la charrue. Dans l'un ou l'autre cas, il est fait, ainsi que je l'ai démontré au Chapitre précédent, au détriment de la végétation de cette plante ; c'est pour empêcher la mutilation qui en résulte, que j'ai expérimenté ce que je conseille ici.

On divisera un carré par planches d'un mètre quarante centimètres de largeur. Chaque planche sera séparée par un sentier de soixante-six centimètres de largeur (plus de largeur dans les planches gênerait le travail qu'il y faut faire.) On pourra plutôt réduire leur largeur à un mètre, afin d'en donner davantage aux sentiers réservés.

Sur ces planches, on tracera quatre lignes distancées également ; on réservera de chaque côté de la planche trente centimètres, distance à laquelle on pourra placer la première ligne ; sur les planches de la largeur de un mètre, on ne mettra que trois lignes. On plantera les tubercules en quinconces, choisissant une des variétés dites *précoces*, qui ne prennent pas autant d'étendue que les variétés tardives ; on les plantera plus serrées, ces dernières restant plus long-temps en place pour fructifier.

L'expérience a prouvé que les Pommes de Terre précoces ne doivent pas être plantées à plus de huit à neuf centimètres de profondeur; placées plus avant, elles ne rendent presque pas.

La plantation terminée, on recouvre les planches de deux centimètres environ de vieux fumier, pour empêcher la terre de se dessécher et de se durcir. Cet abri, en amendant la terre, facilitera un développement plus considérable de gemmes au collet des tiges. Quand ces dernières auront acquis cinq à six centimètres d'élévation au-dessus du sol, un premier rechaussage leur sera donné jusqu'au deux tiers de leur longueur, avec la terre prise dans les sentiers, que l'on répandra sur toute la largeur de la planche (le même moyen est employé pour faire blanchir le céleri). On répétera le rechaussage plusieurs fois dans un court intervalle de temps, si la végétation continue; pour les variétés tardives, cette opération doit se faire jusqu'à la fin de juillet, ou au plus tard au 15 août; les produits résultant des derniers rechaussages, auront encore le temps de se former avant l'arrachage des plantes.

On comprend facilement que, par ce procédé de rechaussage, les racines des plantes se développent sous d'heureuses influences, fournissent des tubercules en plus grand nombre, et que, par conséquent, elles n'éprouvent pas l'inconvénient de l'ancien procédé.

Dans un terrain qui n'est pas trop humide, et pour éviter un buttage trop élevé, on peut retirer des planches, avant la plantation, de dix à douze centimètres de terre, que l'on déposera dans les sentiers ; puisque le produit que donne cette plante est uniquement dans ses racines ; plus on les rechaussera, plus on facilitera leur développement, et plus aussi on excitera les gemmes qu'elles émettront à donner un produit abondant.

DEUXIÈME PARTIE.

Culture dans les Champs.

GRANDE CULTURE.

On commencera la plantation des Pommes de Terre dans les grandes cultures, alors que le terrain aura été préalablement disposé par de bonnes fumures et par plusieurs labours ; car il ne faut pas oublier que, plus la terre est remuée, plus elle est légère et propice à la végétation. Il faut donc que le sol ne soit ni compact ni trop humide. (On trouvera au *Chapitre* VI les moyens de remédier à ces inconvénients.)

Supposons une pièce de terre à planter en Pommes de Terre, bien fumée et bien préparée préalablement : on devra toujours choisir, pour faire cette opération, une époque favorable, et lorsque la terre est en état de bien recevoir le semis.

On commencera le semis dans le sillon qui aura été tracé à quatre-vingts centimètres ou un mètre du bord du champ. La personne chargée du semis suivra la charrue et placera les tubercules ou morceaux de tubercules à une distance égale d'à-peu-près quarante centimètres. On réservera entre chaque sillon quarante centimètres de distance, excepté que de quatre en quatre sillons, on laissera un espace de un mètre cinquante centimètres; la terre de cet intervalle sera employée pour les buttages successifs; le terrain planté offrira alors l'aspect de carrés longs séparés chacun par l'intervalle précité. La perte résultant du terrain des sentiers, sera compensée par une plus abondante récolte produite par une plus grande quantité de pieds placés à une distance moindre que celle que l'on a l'habitude de fixer entre ces plantes.

Le labour des terres et la plantation se feront comme par le passé; il n'y a que le rechaussage qu'il faudra faire à la bèche ou à la houe à main, ainsi qu'il a été dit dans la petite culture, le rechaussage devra donc être répété au plus tard jusqu'au 15 août pour les Pommes de Terre plantées en juin ; c'est par ces heureux effets qu'on obtiendra de bons résultats et une surabondance de récolte.

On aura soin de ne point prendre la terre des sentiers trop proche des plants, car on altérerait les racines qui sont, ainsi que je l'ai dit, les plus importans organes à protéger.

Il sera bon d'employer, pour le premier binage, la fourche qui, seule, est susceptible de ne pas endommager les racines. Si on a à sa disposition des fumiers à moitié consommés, on en répandra sur le sol des planches, après chaque rechaussage, environ un centimètre d'épaisseur : cette fumure évitera de répéter le binage, puisqu'elle tiendra la terre dans un état meuble.

Le rechaussage se fera en répandant également sur les planches la terre des sentiers, ainsi qu'il est dit dans la petite culture. Il est inutile de répéter ici l'utilité de ce procédé ; je crois l'avoir suffisamment décrit.

Les frais de culture ne sont donc augmentés que par le rechaussage qui se fera à la main ; si l'on considère bien l'importance des dégâts occasionnés par le hersage et par l'emploi de la charrue pour le buttage des Pommes de Terre, il sera facile de comprendre que, si un procédé en apparence économique pour la main-d'œuvre, nuit à la production, on doit l'éviter et employer celui qui, loin de lui être nuisible, peut faire produire une plus abondante récolte dans un plus petit espace de terrain.

Cultivateurs! comparez donc les deux manières d'opérer, expérimentez surtout, et je réponds que bientôt votre opinion me sera favorable.

CHAPITRE IV.

DES SEMIS

De Graines de Pommes de Terre.

Les végétaux, multipliés de semences, sont toujours plus robustes et plus vivaces que ceux qui l'ont été par marcottes et boutures; ce dernier moyen de multiplication, pratiqué par des hommes habiles, a été la cause du progrès de l'horticulture; alors qu'un végétal, multiplié ainsi, dégénère, on est obligé de revenir à la voie naturelle de propagation par les semis (1).

---

(1) A l'appui de cette opinion je citerai un exemple: Le Peuplier d'Italie ne donne plus de graines par suite de sa multiplication par boutures, même dans certaines localités, il n'est plus maintenant qu'un arbre maladif, tandis qu'autrefois il y prospérait vigoureusement.

Parmi les diverses opinions émises sur la maladie des Pommes de Terre, il en est une qui mérite d'être prise en considération. La maladie qui afflige, depuis deux années, la culture de cette précieuse solanée, est peut-être dépendante d'une dégénération causée par l'épuisement d'une longue suite de reproduction autre que celle que la nature a prescrite. Il est donc sage et utile même de conseiller la culture par semis pour régénérer une plante alimentaire indispensable maintenan aux besoins de nombreuses populations.

M. le Ministre de l'agriculture et du commerce a mis à la disposition des agriculteurs des graines de Pommes de Terre, qui ont été immédiatement semées (1).

Ne serait-il pas utile, à l'avenir, afin de faire mieux profiter les cultivateurs du don des graines, de les faire distribuer, par les Maires des communes à qui elles seraient envoyées, à des jardiniers soigneux, chargés d'élever les jeunes plants jusqu'à l'époque où ces derniers seraient en état d'être repiqués dans les grandes cultures, et confiés alors à des agriculteurs capables de les faire prospérer?

(1) M. Bréon, grainier, à Paris, quai de la Mégisserie, 70, en a fait venir d'Allemagne une grande quantité qu'il a eu l'heureuse pensée d'offrir gratuitement à toutes les personnes qui lui en ont fait la demande.

Afin d'activer la levée des graines, il est à propos de semer sur couche et de prendre quelques précautions contre les gelées tardives des mois d'avril et de mai : les graines de Pommes de Terre lèvent généralement bien ; ne pas semer trop épais pour que les plantes soient plus corsées. Il serait encore mieux de semer sous cloches ou châssis ; ceux qui n'ont ni l'un ni l'autre abriteront leurs semis sur couches, en ayant la précaution de poser des gaulettes sur des piquets destinés à les recevoir à environ quinze centimètres au-dessus de la couche, pour soutenir des paillassons ou de la paille que l'on y placerait pour abriter les semis contre les influences atmosphériques qui pourraient les détruire ; car la plus petite gelée pourrait les anéantir.

A défaut de couche, on peut semer sur une planche de terrain bien amendé à sa surface avec du terreau : on abritera, comme il est dit ci-dessus. Semés ainsi en pleine terre, les jeunes plants seront plus longs à croître, mais ils seront moins étiolés.

Ces détails ne sont utiles que pour ceux qui n'ont pas l'habitude des pratiques de l'horticulture, et qui reculeraient devant les légères difficultés des premières préparations.

Quand les plants seront bons à repiquer, on disposera des planches comme celles déjà citées (*Chapitre* III *de la Culture dans les jardins*). On amendera la terre avec de vieux fumiers ; on tracera des rigoles écartées de vingt-cinq à trente centimètres ; on les remplira de terreau et on repiquera à la distance des rigoles. Après la plantation, on paillera la superficie du terrain, et on arrosera ; quand le plan sera repris et que les tiges grandiront, on emploiera le mode de rechaussage indiqué (*Chapitre* III) ; on aura préalablement amendé la terre des sentiers, afin de donner aux plantes plus d'accroissement, on continuera les rechaussages jusqu'au 15 août ; par ces moyens, on peut être assuré d'obtenir, pour cette première année, des tubercules d'une grosseur ordinaire et en assez grande quantité (1).

Il ne faudrait pas, selon moi, compter sur les produits tuberculeux de cette année, provenant des semis pour régénérer l'espèce ; les graines qui ont été semées pouvaient contenir encore un germe de dégénération, je conseille donc de faire de nouvelles récoltes de graines sur les plantes de semis que l'on va planter ; celles qui en naîtront seront beaucoup plus franches pour semer en 1848. Les tubercules de cette dernière année

(1) Dans un semis d'expériences de M. Sageret, *fait pour la Société d'Agriculture du département de la Seine*, il a obtenu par le buttage ordinaire une assez grande quantité de tubercules. Par le procédé de rechaussage que j'indique, le résultat devra donc être plus que satisfaisant, si on le compare à l'ancien mode de buttage dont j'ai démontré le désavantage.

seront évidemment plus francs pour la régénération de l'espèce.

Il est encore un avantage qui doit, sans nul doute, encourager les cultivateurs à semer. De nouvelles variétés, excellentes, autant en qualité qu'en production, peuvent apparaître; et, n'y aurait-il que ce résultat, il est de nature à décider l'emploi de ce moyen de régénération.

CHAPITRE V.

DU MARCOTTAGE DES TIGES DE POMMES DE TERRE.

On dispose la planche de terre comme il a été dit (*Chapitre* III), mais au lieu de tracer quatre lignes, on n'en fera que deux; une de chaque côté. Ces deux lignes seront distancées du bord de la planche de vingt-cinq à trente centimètres chacune. Pour faire la plantation, on choisira les tubercules les plus fournis d'yeux. (On sait que chaque œil donne naissance à une ou plusieurs tiges.) Les tubercules seront plantés à trente centimètres de distance (1). La plantation termi-

(1) Mathieu de Dombasle dit, page 134, *Calendrier du Bon Cultivateur* : « Dans les saisons où les sols sont

née, on tapissera la planche d'un centimètre au moins de vieux fumier. Cette addition est de rigueur, si on veut obtenir un.produit plus considérable de tubercules, et par conséquent multiplier la récolte.

Quand les tiges auront acquis de vingt à vingt-cinq centimètres d'élévation au-dessus du sol, on fera un premier rechaussage en répandant sur la planche une épaisseur de terre de six centimètres environ ; on couchera les tiges dans la direction convenable pour couvrir l'intervalle resté entre les deux lignes, en les dirigeant vers le centre de la planche : les tiges seront fixées dans le sol, si la résistance le nécessitait, au moyen d'un crochet en bois ou d'une baguette ployée.

La tige ainsi fixée dans le sol développera une nouvelle tige à chaque aisselle de feuilles ; ces dernières devront être redressées avec soin au-dessus de la terre ; car c'est de leur conservation que dépend le développement des racines de l'œil enterré.

Chaque fois que l'on fera un rechaussage sur la planche, on devra préalablement tapisser la sur-

---

humides, on doit placer les tubercules que l'on plante à 5 ou 6 centimètres au-dessus du fond du sillon, sur le revers de la bande. » Ce moyen, que j'invite à suivre, peut, ainsi qu'il le dit ensuite, préserver les semences de la pourriture.

face de vieux fumier, ainsi qu'il est dit plus haut; on continuera à marcotter la tige-mère à mesure qu'elle s'allongera, jusqu'à ce que le terrain soit entièrement couvert; la planche sera dans cet état une pépinière, chaque tige fournissant d'abondants tubercules.

Ce marcottage opéré sur les Pommes de Terre précoces, permet d'extraire les tubercules du pied-mère, tandis que ceux qui proviennent des marcottes continuent à croître; l'extraction des tubercules se fera par ancienneté de marcottage, et pourra se prolonger ainsi jusqu'à la récolte des Pommes de Terre tardives.

On sait avec quelle promptitude une branche ou tige de cette plante s'enracine et développe des tubercules, quand elle est enterrée. J'ai vu des branches qui n'avaient reçu aucun soin et qui se trouvaient sous des terres seulement éboulées dessus, produire trois ou quatre beaux tubercules.

On trouvera peut-être ces soins minutieux, mais tous soins sont utiles quand ils ont pour résultat de donner d'abondants produits, et plus particulièrement dans les années de disette comme celle où malheureusement nous sommes.

Ce mode de plantation avec peu de semences peut convenir aux personnes qui n'ont qu'un petit jardin, et plus particulièrement aux habitans de la campagne, qui n'ont souvent qu'un petit coin de terre que les cultivateurs leur abandonnent pour l'année, en échange d'un peu de fumier.

C'est, je crois, rendre un service à ces mêmes personnes, que de les engager à planter des Pommes de Terre tardives à un mètre de distance au milieu de chaque planche, pour pouvoir marcotter les tiges aux alentours de la plante-mère, en suivant ce que j'ai dit plus haut.

Chaque dimanche, avant l'office, elles iront visiter leurs plantations, soit pour marcotter, soit pour rechausser et couvrir les planches cultivées, de débris de paille, feuilles, ou tout autre matière qui puisse amender le sol ; elles peuvent, à l'aide de ces quelques précautions, se procurer des provisions pour l'hiver.

Un pied de Pommes de Terre, soigné ainsi, m'a rendu de quinze à seize litres de tubercules.

CHAPITRE VI.

DE LA CULTURE DES POMMES DE TERRE

Dans les terrains froids et humides. (Terres argileuses ou glaiseuses.)

Si la Pomme de Terre réussit partout et si presque tous les sols sont propres à sa culture, néanmoins, en est-il qui réclament, de la part du cultivateur, des soins plus grands et des labours plus répétés : les sols froids ou terres fortes sont de ce nombre ; les semences des céréales que l'on confie à leur sein donnent de médiocres produits, si, préalablement, on ne les a amendés et fumés. Ce n'est qu'avec ces soins que, dans des années favorisées par des saisons propices, on peut faire une abondante récolte (1).

Il faut donc commencer par donner de profonds labours, et les réitérer assez souvent, choisir toujours des momens où la sécheresse les favorisera ; on rendra, par ces labours répétés, la terre plus perméable aux influences atmosphériques et aux rayons solaires.

Il est utile qu'un sol de cette nature, que l'on destine à être ensemencé de Pommes de Terre, soit entièrement dégagé de l'humidité qui pourrait, en faisant pourrir les semences, annuler la récolte. Je conseille d'attendre, pour ces terres,

---

(1) « Mais tous les sols argileux ne possèdent pas « au même degré les mêmes propriétés et les mêmes « défauts, parce que tous n'ont pas absolument la même « composition. Ainsi, il y a des terres dans lesquelles « l'argile est associée à une plus ou moins grande pro- « portion de sable, de calcaire ou d'oxide de fer, qui « nécessairement modifient beaucoup leurs propriétés. »

(*Du sol arable et de ses variétés*, par J. GIRARDIN. *Rouen*, 1843.)

jusqu'au 15 ou fin mai, en juin même pour la plantation des semences. A cette époque, le sol, qui aura été labouré à plusieurs reprises, fumé abondamment et amendé, et qui aura reçu l'influence des premiers rayons solaires du printemps, sera plus disposé à donner aux semences qui lui seront confiées, les sucs nutritifs utiles à leur parfait développement.

Dès octobre ou novembre, on commencera les labours en enterrant une forte couche de fumier neuf, qui aura le temps de se décomposer avant l'époque des semis : la terre étant labourée, on ne la hersera pas ; on la laissera dans l'état où la charrue l'aura mise. Dans cet état, elle recevra et s'imprégnera plus facilement des parties bienfaisantes de l'atmosphère.

Ce n'est que dans le courant de février que l'on fera passer la herse dessus ; après quoi, si le temps le permet, on l'amendera soit en y déposant du sable de route ou de celui de la mer, si on est à portée de pouvoir s'en procurer. A défaut de l'un ou de l'autre, on répandra de la marne, de la chaux, de la cendre ou des plâtras de démolition : ces matières devront être dans un état de division le plus convenable qu'il sera possible ; puis, un second labour sera donné sans hersage. Ce n'est que vers la fin du mois de mai qu'un dernier hersage sera donné pour égaliser le sol : on labourera ensuite pour la plantation.

J'ai eu très-souvent l'occasion de faire employer

du sable de route pour l'amendement de ces terres et j'ai reconnu que c'était selon moi le meilleur des amendemens. Il rend le sol plus poreux, moins compact, par conséquent plus perméable à l'air. Il peut, étant bien amendé, recevoir toutes espèces de semences.

Dans un potager de terre froide où, en 1845, les Pommes de Terre qui y furent semées se gâtèrent, je recommandai de labourer le sol avant l'hiver, le béchage ou labour fut fait brut et resta dans cet état jusqu'au mois de mars, époque à laquelle on ensevelit dans son sein une couche de fumier consommé ; un second labour fut donné comme le premier, et en mai 1846, avant d'opérer le troisième et dernier labour, j'engageai de répandre sur le sol une épaisseur de trois centimètres de sable de route ; les Pommes de Terre qui y furent plantées n'éprouvèrent aucun symptôme de maladie. Il est vrai de dire que les tubercules destinés à y être semés avaient été triés avec soin. C'est donc évidemment à cet amendement et aux choix des tubercules que l'on a dû la non apparition de la maladie qui l'année précédente avait sévi dans ce sol sur la culture qui y avait été faite.

On sait que les terres sont d'autant plus froides et plus humides, qu'elles sont moins cultivées, et que plus on les laboure, plus on les ameublit ; plus on les amende, plus aussi on les rend propres à une bonne culture. Donc, les sols argileux qui nous occupent et qui retiennent si facilement dans leur sein une humidité constante et nuisible, doivent toujours être constamment remués et surtout amendés.

Les terres, dont la couleur locale est ordinairement foncée, sont de tous les sols ceux qui retiennent le plus longtemps et le mieux la chaleur qui les pénètrent et sont par conséquent les plus favorables à la culture.

J'ai reconnu aussi que le sable de mer possède, outre ses propriétés d'amendement, un principe fertilisant; il absorbe mieux, par sa couleur plus foncée, le calorique dans le sol où il se trouve placé.

Dans les terrains argileux où la culture ne peut être faite complètement on ne doit pas dédaigner d'y planter des Pommes de Terre, car si ces dernières y sont de médiocre qualité et ne peuvent servir à l'alimentation des hommes, elles peuvent être une nourriture très-convenable pour les bestiaux.

En cultivant les sols argileux, par planche, ainsi que je l'ai indiqué au *Chapitre* III, on bonifie beaucoup plus vite ces mêmes sols.

Les terres argileuses qui font la surface d'une pente exposée au midi, sont très-favorables à la culture des Pommes de Terre : les produits y sont de meilleure qualité que dans ceux qui se trouvent dans une même situation, mais exposés au nord.

On ne peut, sans commettre une grande faute, laisser en friche les nombreux terrains qui sont en France, et que l'on ne veut pas cultiver sous le prétexte vain qu'ils sont d'une nature infertile. La science agricole a fait un tel pas à notre époque, qu'un pareil langage ne pourrait être tenu que par un ignorant ou un indifférent.

CHAPITRE VII.

CULTURE DANS LES TERRAINS SABLONNEUX.

C'est dans ces sortes de terres, où la Pomme de Terre a paru jusqu'alors mieux se convenir.

Les communes suivantes qui avoisinent la ville de Rouen, du côté de l'ouest et du sud, *Sotteville*, *Saint-Etienne*, *Oissel*, *Quevilly*, *Petit et Grand-Couronne*, sont celles où l'on récolte le plus abondamment des Pommes de Terre; dans ces sols sablonneux les produits y sont d'une qualité supérieure, principalement au Grand-Quevilly, Petit et Grand-Couronne, où ils sont plus recherchés; en voici la cause : ces trois communes, plus écartées de la ville, sont moins à même que les autres d'y venir chercher des fumiers; les cultivateurs en conséquence de cela fument moins leurs terres, et on attribue avec raison la supériorité des produits au manque d'engrais. (L'engrais abondant n'est donc nécessaire à cette culture que pour faire produire en plus grande quantité.) Ces sortes de terres sont aussi plus faciles à cultiver et ne craignent réellement que les grandes sécheresses, que l'on peut éviter, en employant le paillage dans les années défavorables par les grandes chaleurs qui amènent l'aridité (1). L'année 1846 en a été un malheureux exemple, puisque dans ces communes on a perdu plus de la moitié de la récolte

Si l'on se pénètre bien de la nature des sols qui nous occupent, on les verra légers et très poreux, conservant peu l'humidité, peu profonds en terre végétale, et pauvres en principes nutritifs. Ce n'est que par des rechaussages successifs que l'on peut arriver à obtenir une production très-satisfaisante ; le mode de buttage usité jusqu'à présent ne pouvait que lui être défavorable, car on comprendra très-facilement que des plantes, exposées dans un sol brûlant, à l'ardeur des rayons solaires, ont besoin plus que d'autres d'avoir leurs racines protégées, et qu'il n'en était pas ainsi, puisque, par

(1) Il est convenable de n'employer dans ces sortes de sols que du fumier bien consommé. Le fumier de vache serait préférable, il entretient dans la terre une humidité fertilisante.

l'ancien procédé, on laissait à découvert les racines qui, en dépérissant, faisaient diminuer la production et empêchaient la plante d'arriver à un parfait développement. Je ne m'appesantirai pas sur les causes dépréciatrices de ce mode vicieux qui doit se trouver combattu par les principes d'une bonne physiologie et par le simple bon sens de l'intérêt.

Le mode de buttage ou rechaussage que j'ai indiqué est, je le répète, indispensable dans ces sortes de sols, car il aura l'avantage de faire produire en plus grande quantité, en procurant aux racines des plantes une plus abondante nourriture.

Ce genre de rechaussage se fera dans ces sortes de terres à beaucoup moins de frais que dans les terres fortes ; aussi, en reconnaissant l'évidence des faits que j'avance, on aura un grand avantage à suivre mon procédé qui assurera toujours par son exécution de plus grands avantages.

CHAPITRE VIII.

DE LA DÉTÉRIORATION DES POMMES DE TERRE.

Je n'ai pas la prétention d'entrer dans des détails sur la détérioration de la Pomme de Terre, autres que ceux que la pratique et l'expérience m'ont fait observer dans les divers sols où je l'ai vue cultivée. Je renvoie pour plus de détails aux ouvrages qui traitent spécialement l'objet qui nous occupe (1).

L'année qui vient de s'écouler, 1846, a été moins malheureuse pour la récolte des Pommes de Terre, que celle précédente, où plus de la moitié et même les deux tiers ont été attaquées.

Je vais, à l'appui de mon opinion, citer plusieurs cas qui m'ont paru assez concluans pour qu'ils trouvent place ici.

Deux sols de différentes natures, l'un légèrement caillouteux, l'autre argilleux et compact : dans ce dernier, l'humidité se conserve longtemps ; en 1845, la détérioration des tubercules y eut lieu comme partout.

En 1846, la plantation des tubercules y fut faite avec des soins tout particuliers ; aucun tubercule présentant la plus légère tâche d'altération ne fut planté ; il en est résulté que les produits sortis de ces tubercules sains n'ont présenté aucun symptôme de la maladie de 1845. Dans le premier sol, la plantation a été faite, après ce que j'avais recommandé, de retourner la terre à plusieurs reprises pendant l'hiver ;

---

(1) Sur la maladie des Pommes de Terre, par *Decaisne*, 1 vol. in-8°, et autres Ouvrages.

cette terre avait été fumée pour la récolte précédente. Dans le second, après avoir subi un labour d'automne avec des engrais neufs, c'est-à-dire avec du fumier sortant de l'écurie, un labour à la bêche y fut donné grossièrement, la terre ne fut seulement que retournée, ainsi que je l'indique au *Chapitre* III. En mars, on transporta, sur ce terrain, du sable de route, qui avait été ramassé l'été précédent, que l'on étendit environ de deux centimètres d'épaisseur.

On procéda ensuite à un second labour qui fut fait comme le premier. Vers le 15 mars, on fit un troisième labour pour recevoir des Pommes de Terre précoces, et vers le 15 mai suivant, le restant de ce terrain fut planté en Pommes de Terre tardives.

L'un et l'autre de ces sols sont bien aérés ; aucun ombrage n'empêche l'air d'y circuler librement ; les opérations précitées que j'avais conseillé ont été, comme on le voit, couronnées par d'heureux résultats ; c'est donc à l'intelligence des cultivateurs de comprendre que, plus il laboureront leur terre et mieux il choisiront leurs semences, moins il auront à redouter l'effet de la détérioration qui s'est fait remarquer dans les terres où ces soins n'ont pas été donnés.

La détérioration des Pommes de Terre n'est provenue, selon moi, que de l'état amosphérique qui a réagit généralement pendant les années 1845 et 1846.

Je puis encore citer d'autres faits qui viennent confirmer l'opinion que j'émets.

J'ai vu l'an dernier, chez un pépiniériste des environs de Rouen, M. Joret aîné, à Roumare, qui avait semé des Pommes de Terre dans une pièce de terre qui était séparée d'une masure plantée de pommiers et poiriers à cidre, par une haie de vives plantes : sur douze rangées faites dans cette pièce de terre, dans les quatre premières qui étaient les plus proches de cette masure, les tubercules ont bien levé et ont fourni de fortes plantes ; mais en août, ces quatre mêmes lignes ont été frappées comme par la foudre ; elles ont été gâtées au point qu'il n'est resté rien, absolument rien de la semence ; les autres lignes, au contraire, ont beaucoup produit, surtout les six dernières ; car les cinquième et sixième lignes ont éprouvé quelques avaries. Les tubercules avaient été bien choisis pour faire cette plantation ; c'est donc à l'état humide de la terre, le long de cette haie, qu'est due cette détérioration, puisque c'était la même semence et le même travail que l'on avait donné à cette culture.

L'année 1845, comme on le sait, a été humide et froide ; elle fut très-pluvieuse et suivie d'un hiver qui ne contribua pas à purger la terre ; il en résulta une fraîcheur glaciale qui s'imprégna plus profondément dans son sein ; les tubercules furent plantés en 1846, dans un sol froid et humide, imprégné de sucs vénéneux que les gelées chassent ordinairement au-dehors quand elles sont assez fortes pour pénétrer, atteindre et dissoudre ces miasmes malfaisans.

L'hiver ne put opérer ce bien-être, puisqu'à peine s'il y eut quelques jours où la gelée se fit sensiblement sentir.

Les Pommes de Terre, comme on sait, aiment les terres légères et chaudes, celles où l'humidité n'est pas stagnante ; le printemps, l'été et l'automne de 1845 furent donc contraire, par leur tenacité fraîche et froide, à la prospérité de cette plante ; aussi, n'en n'a-t-on que trop malheureusement éprouvéles effets. Les tubercules plantés au printemps de cette même année levèrent comme d'habitude et végétèrent d'une force extraordinaire jusqu'à la fin de juin ; ce fut vers cette époque que plusieurs nuits froides et glaciales se succédèrent, vinrent suspendre et arrêter cette luxuriante végétation ; ces mêmes plantes qui, naguère, annonçaient une vigoureuse santé, furent frappées comme d'une apoplexie foudroyante. Tout-à-coup elles languirent, se débilitèrent par le manque de sève qui, la veille encore, circulait librement dans tous leurs vaisseaux qui, semblables aux veines des animaux, servent aux mêmes fonctions vitales dans les plantes ; ces dernières n'ayant plus alors, pour les empêcher de succomber, qu'à puiser dans un cloaque des sucs crus et vénéneux qui portent la mort, plus ou moins lentement, dans toutes les parties, quand elles ne sont pas secourues à temps, périrent bientôt. — Voilà pour l'année 1845. — Le printemps de 1846 n'améliora pas la situation des terres, puisque l'hiver qui l'avait précédé n'avait apporté avec lui aucune influence atmosphérique favorable pour les purger ; la plantation fut donc aussi faite dans un terrain malsain ; il était imprégné de matières ou substances peu propres à être absorbées par les vaisseaux spongieux de la solanée qui nous occupe ; cependant, les tubercules produisirent des tiges dont l'accroissement faisait espérer que la maladie de 1845 ne se renouvelerait pas, quand, tout-à-coup, est survenue une chaleur brûlante et extraordinaire qui, en peu de jours, a frappé et pétrifié la surface des sols, en a bouché les pores avec une telle intensité, qu'aucune évaporation n'a pu se faire de son intérieur, malgré qu'il fût brûlant à sa superficie : ce fut aussi pour cette plante un arrêt complet de végétation, puisque l'extrémité des branches surprises par la chaleur d'un soleil brûlant, furent comme frappées de la foudre ; les vaisseaux restèrent engorgés de liquide sèveux qui ne put circuler pour se rendre aux extrémités. Ici ce n'est pas par l'effet du froid, comme je l'ai dit précédemment, mais par la chaleur que la végétation de cette plante a été arrêtée. Ces deux causes très-différentes, comme on peut le remarquer, ont produit les mêmes effets.

Ces diverses observations pourraient être mieux

développées par des hommes plus capables et mieux expérimentés que je ne le suis ; mais elles sont appuyées sur des preuves irrécusables qui me laissent l'espoir que la plante qui nous occupe n'est pas, comme on l'a trop répété, usée pour nos cultures, à moins d'accidents contre lesquels ne peut rien la prudence humaine.

C'est ici la place de signaler la mauvaise habitude que l'on a, dans plusieurs localités, de couper les tiges des Pommes de Terre pour les donner en aliment aux animaux, sans se rendre compte que toutes les parties d'une plante sont nécessaires à son existence, que les feuilles n'en sont pas une simple parure, qu'elles sont essentielles à sa végétation ; c'est par les feuilles, organes de la transpiration et par l'absorption des racines, que la végétation se fait et se maintient, et c'est cette circulation des feuilles aux racines, et réciproquement des racines aux feuilles, qui produit l'enracinement de la plante, qui a besoin que tous les agens qui participent à son accroissement ne lui soient pas retranchés ; au contraire, il faut l'aider en lui procurant de nouveaux moyens de développement pour qu'elle forme et multiplie ses tubercules ; c'est donc à tort que l'on supprime les agens provocateurs qui aident si puissamment à son accroissement.

Il existe un cas où couper les tiges de Pommes de Terre, c'est arrêter la gangrène, c'est-à-dire leur détérioration épidémique, qui finit par gagner les tubercules; c'est au moment où l'on s'aperçoit qu'elle sont frappées par un arrêt subit de végétation, comme celui indiqué plus loin, que cette suppression est indispensable et qu'elle doit être opérée dans le plus bref délai, sans quoi on risque de tout perdre, plantes et racines; un retour inévitable de la formation des produits s'ensuivra, aussitôt que l'équilibre sera rétabli, par la naissance de nouveaux bourgeons qu'elles auront formées, les plantes reprendront une nouvelle vie qui aidera au développement de nouveaux organes de multiplication.

Je viens le répéter à la suite de ce passage : éviter l'humidité stagnante dans les terres, planter tard, c'est-à-dire, en mai et juin, dans les terrains susceptibles de maintenir cette humidité, donner de l'écoulement aux eaux contenues dans les sols, et de l'air pour qu'il circule librement autour des plantes, tous ces moyens sont indiqués aux chapitres plantation et disposition des terres. Vous évitez, ou du moins vous améliorez la culture de la Pomme de Terre, puisqu'une des causes principales est due à la fraîcheur des terres.

Je dois encore citer qu'il a été remarqué que dans une pépinière où les deux tiers des arbres avaient été enlevés; pour tirer partie du terrain perdu, on avait planté des Pommes de Terre qui ont été recueillies saines; c'est donc à la succion de la fraîcheur du terrain par les racines des arbres, que cette eau en a été élaborée; les plantes n'en ont pas eu à subir les effets nuisibles et elles ont produit des tubercules sains.

On pourrait aussi, dans ces sortes de terres, planter des soleils, tournesol (*Helianthus annuus*). Cette plante ornementale des jardins réunit plusieurs qualités qui peuvent même engager à la cultiver : tout en assainissant les terres fraîches, elle peut procurer des produits précieux. La graine qui vient abondamment, fournit une huile bonne à être employée à la cuisine, c'est de plus une bonne nourriture pour engraisser les volailles ; les feuilles sont recherchées pour la nourriture des bestiaux ; on peut se servir des tiges pour chauffer les fours. Il en existe plusieurs variétés. Celle à grandes fleurs, la plus commune que tout le monde connaît, est celle que je recommande ; elle s'élève de 2 à 3 mètres, et même plus ; par son élévation, elle n'empêcherait pas l'air de circuler dans les Pommes de Terre ; la grande masse de liquide dont cette plante a besoin pour s'alimenter est immense, et ne peut donc que contribuer à deux avantages : à procurer aux cultivateurs celui d'assainir les terres humides en s'emparant de cette humidité pour son développement, et le produit que l'on peut tirer de toutes ses parties. L'expérience faite par un botaniste distingué qui a écrit sur la physiologie végétale, mérite que je la rapporte pour faire connaître jusqu'à quel point cette plante doit être recommandée (1). Sa graine est très-commune; on peut s'en procurer partout et à bon marché.

Si la végétation des Pommes de Terre continue à prospérer au milieu des avantages que lui procure cette année les terres assainies, sans qu'aucune catastrophe atmosphérique vienne en arrêter le cours, nul doute que la maladie qui les a détériorées les deux années précédentes était

---

(1) Le 3 Juillet 1724, HALES, botaniste anglais, expérimenta de la manière suivante, sur un pot dans lequel était planté un soleil (*Helianthus annuus*), dont il désirait connaître la puissance de transpiration et d'absorption : il couvrit d'abord le pot d'une platine de plomb, qu'il cimenta de manière à empêcher toute vaporisation. Par un tube de verre qui traversait la plaque de plomb, l'air pouvait circuler assez librement de dehors en dedans. Un autre tube servait pour l'arrosement et était rebouché de liége. Il mit l'appareil ainsi disposé dans une balance et trouva que la transpiration avait été jusqu'à 900 grammes, près d'un kilo, pendant douze heures d'un jour fort sec et chaud, et que le terme moyen était de 600 grammes ; il déduisit de ces expériences, comparées à celles de SANCTORIUS sur la transpiration humaine, que *l'Helianthus* transpirait dix-sept fois plus que l'homme dans le même temps donné.

due à des influences atmosphériques désastreuses qui pourraient être comparées aux épidémies accidentelles qui, régnant dans certaines contrées, occasionnent des maladies qui entraînent la mort de grand nombre de personnes. Les craintes de dégénérescence végétale que l'on a avancées, seraient donc réduites à néant. Mais si, contrairement, la maladie sévisait malgré les temps favorables, nul doute alors qu'il serait utile d'employer la voie des semis pour régénérer une espèce de plantes si utile à l'économie domestique; nonobstant, le conseil des semis est toujours utile à suivre pour les avantages qu'il procure, que nous avons déduit au *Chapitre* IV *des semis de Pommes de Terre.*

FIN.

Imp. de F. et A. Lecointe, rue Cauchoise, 6, près le Vieux-Marché.

www.ingramcontent.com/pod-product-compliance
Ingram Content Group UK Ltd.
Pitfield, Milton Keynes, MK11 3LW, UK
UKHW021027180726
13838UKWH00004B/1649

9 782329 321523